1 2 3 4

1

2

3

4

5

6

7

8

9

0

3 5 2

6 8 4

9 1 7

nada

0

$4 + 3 = 7$

2
+3
+1
+2
+3
+1
12

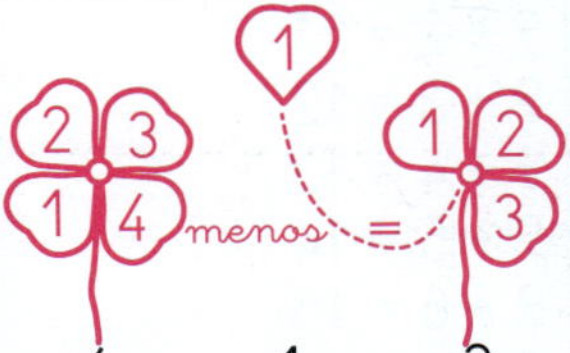

$4 - 1 = 3$

10-11-12-13-14-15
16-17-18-19-20

Tabla de sumar

1 más 1 = 2	2 más 1 = 3	3 más 1 = 4	4 más 1 = 5
1 + 2 = 3	2 + 2 = 4	3 + 2 = 5	4 + 2 = 6
1 + 3 = 4	2 + 3 = 5	3 + 3 = 6	4 + 3 = 7
1 + 4 = 5	2 + 4 = 6	3 + 4 = 7	4 + 4 = 8
1 + 5 = 6	2 + 5 = 7	3 + 5 = 8	4 + 5 = 9
1 + 6 = 7	2 + 6 = 8	3 + 6 = 9	4 + 6 = 10
1 + 7 = 8	2 + 7 = 9	3 + 7 = 10	4 + 7 = 11
1 + 8 = 9	2 + 8 = 10	3 + 8 = 11	4 + 8 = 12
1 + 9 = 10	2 + 9 = 11	3 + 9 = 12	4 + 9 = 13
5 más 1 = 6	6 más 1 = 7	7 más 1 = 8	8 más 1 = 9
5 + 2 = 7	6 + 2 = 8	7 + 2 = 9	8 + 2 = 10
5 + 3 = 8	6 + 3 = 9	7 + 3 = 10	8 + 3 = 11
5 + 4 = 9	6 + 4 = 10	7 + 4 = 11	8 + 4 = 12
5 + 5 = 10	6 + 5 = 11	7 + 5 = 12	8 + 5 = 13
5 + 6 = 11	6 + 6 = 12	7 + 6 = 13	8 + 6 = 14
5 + 7 = 12	6 + 7 = 13	7 + 7 = 14	8 + 7 = 15
5 + 8 = 13	6 + 8 = 14	7 + 8 = 15	8 + 8 = 16
5 + 9 = 14	6 + 9 = 15	7 + 9 = 16	8 + 9 = 17

9 más 1 = 10
9 + 2 = 11
9 + 3 = 12
9 + 4 = 13
9 + 5 = 14
9 + 6 = 15
9 + 7 = 16
9 + 8 = 17
9 + 9 = 18

Sumar es reunir o juntar.

Los números que se suman se llaman sumandos.

El resultado se llama suma.

El signo es una cruz que se lee más.

Así +

Repaso de sumar

1 + 3 =	4	4	= 2 + 2
1 + 1 =	2	7	= 2 + 5
1 + 4 =	5	5	= 2 + 3
1 + 8 =	9	10	= 2 + 8
1 + 6 =	7	3	= 2 + 1
1 + 9 =	10	8	= 2 + 6
1 + 7 =	8	11	= 2 + 9
1 + 2 =	3	6	= 2 + 4
1 + 5 =	6	9	= 2 + 7
3 + 2 =	5	9	= 4 + 5
3 + 5 =	8	7	= 4 + 3
3 + 3 =	6	10	= 4 + 6
3 + 8 =	11	12	= 4 + 8
3 + 4 =	7	8	= 4 + 4
3 + 7 =	10	13	= 4 + 9
3 + 1 =	4	5	= 4 + 1
3 + 9 =	12	11	= 4 + 7
3 + 6 =	9	6	= 4 + 2
5 + 5 =	10	9	= 6 + 3
5 + 3 =	8	13	= 6 + 7
5 + 6 =	11	8	= 6 + 2
5 + 4 =	9	11	= 6 + 5
5 + 1 =	6	14	= 6 + 8
5 + 9 =	14	10	= 6 + 4
5 + 7 =	12	15	= 6 + 9
5 + 2 =	7	7	= 6 + 1
5 + 8 =	13	12	= 6 + 6

Repaso de sumar

7 + 4 = ________ 11	16 ________ = 8 + 8		
7 + 2 = ________ 9	10 ________ = 8 + 2		
7 + 7 = ________ 14	12 ________ = 8 + 4		
7 + 5 = ________ 12	9 ________ = 8 + 1		
7 + 9 = ________ 16	17 ________ = 8 + 9		
7 + 3 = ________ 10	14 ________ = 8 + 6		
7 + 8 = ________ 15	15 ________ = 8 + 7		
7 + 6 = ________ 13	13 ________ = 8 + 5		
7 + 1 = ________ 8	11 ________ = 8 + 3		
9 + 2 = ________ 11	16 ________ = 7 + 9		
9 + 9 = ________ 18	13 ________ = 4 + 9		
9 + 6 = ________ 15	15 ________ = 6 + 9		
9 + 5 = ________ 14	17 ________ = 8 + 9		

Ejemplo de operaciones:

Sumar: 36 + 128 + 564 + 20

Sumandos	36
	128
	564
	+ 20
Suma total	748

Los sumandos se colocan unos debajo de otros.

La columna de la derecha está siempre completa de cifras.

Procura hacer bien las cifras y colocarlas exactamente donde les corresponde.

Repaso general de sumar

2 + 3 = ________	5	________ = 3 + 2
3 + 4 = ________	7	________ = 4 + 3
4 + 2 = ________	6	________ = 2 + 4
5 + 3 = ________	8	________ = 3 + 5
6 + 2 = ________	8	________ = 2 + 6
7 + 4 = ________	11	________ = 4 + 7
8 + 3 = ________	11	________ = 3 + 8
9 + 2 = ________	11	________ = 2 + 9
2 + 5 = ________	7	________ = 5 + 2
3 + 6 = ________	9	________ = 6 + 3
4 + 5 = ________	9	________ = 5 + 4
5 + 6 = ________	11	________ = 6 + 5
6 + 4 = ________	10	________ = 4 + 6
7 + 3 = ________	10	________ = 3 + 7
8 + 2 = ________	10	________ = 2 + 8
9 + 3 = ________	12	________ = 3 + 9
2 + 7 = ________	9	________ = 7 + 2
6 + 9 = ________	15	________ = 9 + 6
4 + 8 = ________	12	________ = 8 + 4
7 + 9 = ________	16	________ = 9 + 7
6 + 7 = ________	13	________ = 7 + 6
7 + 8 = ________	15	________ = 8 + 7
8 + 5 = ________	13	________ = 5 + 8
9 + 4 = ________	13	________ = 4 + 9
6 + 8 = ________	14	________ = 8 + 6
5 + 7 = ________	12	________ = 7 + 5
8 + 9 = ________	17	________ = 9 + 8
9 + 5 = ________	14	________ = 5 + 9

Tabla de restar

De 1 a 1 = 0	De 2 a 2 = 0	De 3 a 3 = 0	De 4 a 4 = 0
1 2 = 1	2 3 = 1	3 4 = 1	4 5 = 1
1 3 = 2	2 4 = 2	3 5 = 2	4 6 = 2
1 4 = 3	2 5 = 3	3 6 = 3	4 7 = 3
1 5 = 4	2 6 = 4	3 7 = 4	4 8 = 4
1 6 = 5	2 7 = 5	3 8 = 5	4 9 = 5
1 7 = 6	2 8 = 6	3 9 = 6	4 10 = 6
1 8 = 7	2 9 = 7	3 10 = 7	4 11 = 7
1 9 = 8	2 10 = 8	3 11 = 8	4 12 = 8
De 5 a 5 = 0	De 6 a 6 = 0	De 7 a 7 = 0	De 8 a 8 = 0
5 6 = 1	6 7 = 1	7 8 = 1	8 9 = 1
5 7 = 2	6 8 = 2	7 9 = 2	8 10 = 2
5 8 = 3	6 9 = 3	7 10 = 3	8 11 = 3
5 9 = 4	6 10 = 4	7 11 = 4	8 12 = 4
5 10 = 5	6 11 = 5	7 12 = 5	8 13 = 5
5 11 = 6	6 12 = 6	7 13 = 6	8 14 = 6
5 12 = 7	6 13 = 7	7 14 = 7	8 15 = 7
5 13 = 8	6 14 = 8	7 15 = 8	8 16 = 8

De 9 a 9 = 0	Restar es hallar la diferencia entre dos números.
9 10 = 1	
9 11 = 2	Se llama <u>minuendo</u> el mayor y <u>sustraendo</u> el menor.
9 12 = 3	
9 13 = 4	Al resultado se le llama <u>resto</u> o <u>diferencia</u>.
9 14 = 5	
9 15 = 6	El signo es una rayita que se lee <u>menos</u>.
9 16 = 7	
9 17 = 8	Así –

Repaso de restar

De 1 a 3 = ______	2	2	______ = De 2 a 4
1 6 = ______	5	4	______ = 2 6
1 2 = ______	1	1	______ = 2 3
1 8 = ______	7	6	______ = 2 8
1 5 = ______	4	3	______ = 2 5
1 7 = ______	6	5	______ = 2 7
1 1 = ______	0	7	______ = 2 9
1 9 = ______	8	9	______ = 2 11
1 4 = ______	3	8	______ = 2 10
De 3 a 5 = ______	2	3	______ = De 4 a 7
3 12 = ______	9	1	______ = 4 5
3 6 = ______	3	6	______ = 4 10
3 8 = ______	5	4	______ = 4 8
3 4 = ______	1	5	______ = 4 9
3 9 = ______	6	9	______ = 4 13
3 7 = ______	4	7	______ = 4 11
3 11 = ______	8	2	______ = 4 6
3 10 = ______	7	8	______ = 4 12
De 5 a 9 = ______	4	8	______ = De 6 a 14
5 6 = ______	1	3	______ = 6 9
5 12 = ______	7	7	______ = 6 13
5 7 = ______	2	2	______ = 6 8
5 14 = ______	9	9	______ = 6 15
5 8 = ______	3	5	______ = 6 11
5 13 = ______	8	1	______ = 6 7
5 11 = ______	6	4	______ = 6 10
5 10 = ______	5	6	______ = 6 12

Repaso de restar

De 7 a 14 = ______ 7	6 ____ = De 8 a 14
7 9 = ______ 2	5 ____ = 8 13
7 16 = ______ 9	9 ____ = 8 17
7 13 = ______ 6	2 ____ = 8 10
7 15 = ______ 8	4 ____ = 8 12
7 8 = ______ 1	1 ____ = 8 9
7 12 = ______ 5	3 ____ = 8 11
7 11 = ______ 4	8 ____ = 8 16
7 10 = ______ 3	7 ____ = 8 15
De 9 a 12 = ______ 3	7 ____ = De 9 a 16
9 15 = ______ 6	4 ____ = 9 13
9 11 = ______ 2	8 ____ = 9 17
9 18 = ______ 9	5 ____ = 9 14
9 10 = ______ 1	10 ____ = 9 19

Para restar se coloca primero el minuendo y debajo el sustraendo.

Fíjate bien cómo has de colocarlos.

Ejemplo de operación:

Restar los números 6382 y 261

Minuendo	6382
Sustraendo	– 261
Resto	6121

Hay que hacer bien todas las cifras.

Repaso general de restar

De 1 a	8	_______	7	_______	De 2 a	9
2	7	_______	5	_______	3	8
3	9	_______	6	_______	4	10
4	6	_______	2	_______	5	7
5	10	_______	5	_______	6	11
6	14	_______	8	_______	7	15
7	13	_______	6	_______	8	14
8	16	_______	8	_______	9	17
9	12	_______	3	_______	2	5
1	6	_______	5	_______	3	8
2	9	_______	7	_______	4	11
3	11	_______	8	_______	5	13
4	7	_______	3	_______	6	9
5	13	_______	8	_______	6	14
6	11	_______	5	_______	8	13
7	15	_______	8	_______	9	17
8	17	_______	9	_______	2	11
9	16	_______	7	_______	3	10
1	4	_______	3	_______	4	7
2	8	_______	6	_______	5	11
3	10	_______	7	_______	6	13
4	12	_______	8	_______	7	15
5	9	_______	4	_______	8	12
6	13	_______	7	_______	9	16
7	12	_______	5	_______	6	11
8	17	_______	9	_______	4	13
9	14	_______	5	_______	8	13

Tabla de multiplicar

Multiplicar es sumar varias veces el mismo número.

1 por 1 es 1	2 por 1 es 2	3 por 1 es 3
1 × 2 = 2	2 × 2 = 4	3 × 2 = 6
1 × 3 = 3	2 × 3 = 6	3 × 3 = 9
1 × 4 = 4	2 × 4 = 8	3 × 4 = 12
1 × 5 = 5	2 × 5 = 10	3 × 5 = 15
1 × 6 = 6	2 × 6 = 12	3 × 6 = 18
1 × 7 = 7	2 × 7 = 14	3 × 7 = 21
1 × 8 = 8	2 × 8 = 16	3 × 8 = 24
1 × 9 = 9	2 × 9 = 18	3 × 9 = 27
1 × 10 = 10	2 × 10 = 20	3 × 10 = 30
4 por 1 es 4	5 por 1 es 5	6 por 1 es 6
4 × 2 = 8	5 × 2 = 10	6 × 2 = 12
4 × 3 = 12	5 × 3 = 15	6 × 3 = 18
4 × 4 = 16	5 × 4 = 20	6 × 4 = 24
4 × 5 = 20	5 × 5 = 25	6 × 5 = 30
4 × 6 = 24	5 × 6 = 30	6 × 6 = 36
4 × 7 = 28	5 × 7 = 35	6 × 7 = 42
4 × 8 = 32	5 × 8 = 40	6 × 8 = 48
4 × 9 = 36	5 × 9 = 45	6 × 9 = 54
4 × 10 = 40	5 × 10 = 50	6 × 10 = 60

Tabla de multiplicar

7 por 1 es 7	8 por 1 es 8	9 por 1 es 9
7 × 2 = 14	8 × 2 = 16	9 × 2 = 18
7 × 3 = 21	8 × 3 = 24	9 × 3 = 27
7 × 4 = 28	8 × 4 = 32	9 × 4 = 36
7 × 5 = 35	8 × 5 = 40	9 × 5 = 45
7 × 6 = 42	8 × 6 = 48	9 × 6 = 54
7 × 7 = 49	8 × 7 = 56	9 × 7 = 63
7 × 8 = 56	8 × 8 = 64	9 × 8 = 72
7 × 9 = 63	8 × 9 = 72	9 × 9 = 81
7 × 10 = 70	8 × 10 = 80	9 × 10 = 90

Los términos de la multiplicación se llaman multiplicando y multiplicador.

Cada término es un factor.

El resultado se llama producto.

El número que tenga más cifras, que no sean ceros, se coloca de multiplicando.

El signo son dos rayitas en forma de aspa que se leen por.

Así ×

Repaso de multiplicar

1 × 5 = ______ 5	14 ______ = 2 × 7
1 × 1 = ______ 1	8 ______ = 2 × 4
1 × 4 = ______ 4	6 ______ = 2 × 3
1 × 9 = ______ 9	18 ______ = 2 × 9
1 × 3 = ______ 3	4 ______ = 2 × 2
1 × 8 = ______ 8	10 ______ = 2 × 5
1 × 6 = ______ 6	2 ______ = 2 × 1
1 × 2 = ______ 2	12 ______ = 2 × 6
1 × 7 = ______ 7	16 ______ = 2 × 8
3 × 6 = ______ 18	12 ______ = 4 × 3
3 × 4 = ______ 12	28 ______ = 4 × 7
3 × 9 = ______ 27	8 ______ = 4 × 2
3 × 1 = ______ 3	36 ______ = 4 × 9
3 × 8 = ______ 24	16 ______ = 4 × 4
3 × 5 = ______ 15	24 ______ = 4 × 6
3 × 3 = ______ 9	4 ______ = 4 × 1
3 × 7 = ______ 21	32 ______ = 4 × 8
3 × 2 = ______ 6	20 ______ = 4 × 5
5 × 2 = ______ 10	24 ______ = 6 × 4
5 × 7 = ______ 35	12 ______ = 6 × 2
5 × 1 = ______ 5	42 ______ = 6 × 7
5 × 5 = ______ 25	6 ______ = 6 × 1
5 × 8 = ______ 40	54 ______ = 6 × 9
5 × 6 = ______ 30	36 ______ = 6 × 6
5 × 9 = ______ 45	18 ______ = 6 × 3
5 × 4 = ______ 20	30 ______ = 6 × 5
5 × 3 = ______ 15	48 ______ = 6 × 8

Repaso de multiplicar

7 × 4 = __________ 28	24 ________ = 8 × 3
7 × 7 = __________ 49	8 ________ = 8 × 1
7 × 2 = __________ 14	48 ________ = 8 × 6
7 × 6 = __________ 42	32 ________ = 8 × 4
7 × 8 = __________ 56	72 ________ = 8 × 9
7 × 5 = __________ 35	56 ________ = 8 × 7
7 × 1 = __________ 7	40 ________ = 8 × 5
7 × 3 = __________ 21	16 ________ = 8 × 2
7 × 9 = __________ 63	64 ________ = 8 × 8
9 × 5 = __________ 45	60 ________ = 10 × 6
9 × 2 = __________ 18	40 ________ = 10 × 4
9 × 4 = __________ 36	50 ________ = 10 × 5
9 × 9 = __________ 81	90 ________ = 10 × 9
9 × 3 = __________ 27	30 ________ = 10 × 3
9 × 7 = __________ 63	80 ________ = 10 × 8
9 × 8 = __________ 72	10 ________ = 10 × 1
9 × 1 = __________ 9	70 ________ = 10 × 7
9 × 6 = __________ 54	20 ________ = 10 × 2

Ejemplo de operación:

Multiplicando	3624	factores
Multiplicador	× 32	
	7248	producto parcial
	10872	producto parcial
Producto total	115968	

Coloca los números correctamente.
Haz bien las cifras.

Repaso general de multiplicar

2 × 3 = ______	6	______ = 3 × 2
3 × 4 = ______	12	______ = 4 × 3
4 × 2 = ______	8	______ = 2 × 4
5 × 3 = ______	15	______ = 3 × 5
6 × 2 = ______	12	______ = 2 × 6
7 × 4 = ______	28	______ = 4 × 7
8 × 3 = ______	24	______ = 3 × 8
9 × 2 = ______	18	______ = 2 × 9
2 × 5 = ______	10	______ = 5 × 2
3 × 6 = ______	18	______ = 6 × 3
4 × 5 = ______	20	______ = 5 × 4
5 × 6 = ______	30	______ = 6 × 5
6 × 4 = ______	24	______ = 4 × 6
7 × 3 = ______	21	______ = 3 × 7
8 × 2 = ______	16	______ = 2 × 8
9 × 3 = ______	27	______ = 3 × 9
2 × 7 = ______	14	______ = 7 × 2
6 × 9 = ______	54	______ = 9 × 6
4 × 8 = ______	32	______ = 8 × 4
7 × 9 = ______	63	______ = 9 × 7
6 × 7 = ______	42	______ = 7 × 6
7 × 8 = ______	56	______ = 8 × 7
8 × 5 = ______	40	______ = 5 × 8
9 × 4 = ______	36	______ = 4 × 9
6 × 8 = ______	48	______ = 8 × 6
5 × 7 = ______	35	______ = 7 × 5
8 × 9 = ______	72	______ = 9 × 8
9 × 5 = ______	45	______ = 5 × 9

Tabla de dividir

Dividir es repartir un número en partes iguales.

Es lo contrario de multiplicar.

1 entre 1 a 1	2 entre 2 a 1	3 entre 3 a 1
2 1 = 2	4 2 = 2	6 3 = 2
3 1 = 3	6 2 = 3	9 3 = 3
4 1 = 4	8 2 = 4	12 3 = 4
5 1 = 5	10 2 = 5	15 3 = 5
6 1 = 6	12 2 = 6	18 3 = 6
7 1 = 7	14 2 = 7	21 3 = 7
8 1 = 8	16 2 = 8	24 3 = 8
9 1 = 9	18 2 = 9	27 3 = 9

4 entre 4 a 1	5 entre 5 a 1	6 entre 6 a 1
8 4 = 2	10 5 = 2	12 6 = 2
12 4 = 3	15 5 = 3	18 6 = 3
16 4 = 4	20 5 = 4	24 6 = 4
20 4 = 5	25 5 = 5	30 6 = 5
24 4 = 6	30 5 = 6	36 6 = 6
28 4 = 7	35 5 = 7	42 6 = 7
32 4 = 8	40 5 = 8	48 6 = 8
36 4 = 9	45 4 = 9	54 6 = 9

Procura hacer los números claros, bien hechos y en el lugar exacto que les corresponde.

Tabla de dividir

7 entre 7 a 1		8 entre 8 a 1		9 entre 9 a 1	
14	7 = 2	16	8 = 2	18	9 = 2
21	7 = 3	24	8 = 3	27	9 = 3
28	7 = 4	32	8 = 4	36	9 = 4
35	7 = 5	40	8 = 5	45	9 = 5
42	7 = 6	48	8 = 6	54	9 = 6
49	7 = 7	56	8 = 7	63	9 = 7
56	7 = 8	64	8 = 8	72	9 = 8
63	7 = 9	72	8 = 9	81	9 = 9

Los términos de la división
se llaman dividendo y divisor.

El resultado se llama cociente.

El signo son dos puntos o un ángulo recto y se lee dividido por.

Signo : $\underline{|\quad\quad\quad}$ = dividido por

Así: Dividendo | divisor
cociente

Ejemplo de operación

```
6453 | 3
04     2151
  15
  003
Resto  0
```

Lo que sobra al final se llama resto.